趣味漫画 **孩子，你的善良应该有点锋芒**

扫码听音频

四川教育出版社

图书在版编目（CIP）数据

孩子，你的善良应该有点锋芒 / 师鲁贝尔编著．
成都：四川教育出版社，2025.4．--（趣味漫画）．
ISBN 978-7-5408-9765-9

Ⅰ. B821-49

中国国家版本馆 CIP 数据核字第 2025SA4088 号

趣味漫画
孩子，你的善良应该有点锋芒
QUWEI MANHUA
HAIZI NI DE SHANLIANG YINGGAI YOU DIAN FENGMANG

师鲁贝尔　编著

出 品 人	雷　华
责任编辑	保　玉
责任校对	刘　青
责任印制	许　涵
封面设计	春浅浅
出版发行	四川教育出版社
地　　址	四川省成都市锦江区三色路 238 号新华之星 A 座
邮政编码	610023
网　　址	www.chuanjiaoshe.com
印　　刷	三河市兴达印务有限公司
版　　次	2025 年 6 月第 1 版
印　　次	2025 年 6 月第 1 次印刷
开　　本	880 mm×1230 mm　1/32
印　　张	4
书　　号	ISBN 978-7-5408-9765-9
定　　价	29.80 元

如发现印装质量问题，影响阅读，请与本社联系。
总编室电话：（028）86365120　　编辑部电话：（028）86365129

目录

1 不做"老好人",善良也要有锋芒 001

002 同学说她椅子坐得不舒服,我要跟她换吗?

004 同学借的书一直不还,我能主动索要吗?

006 球拍被别人弄坏,我要放弃赔偿吗?

008 登山活动中我已自顾不暇,我要帮助他人吗?

010 朋友不开心,我要熬夜安慰她吗?

012 同桌总是用我的纸巾,我要说出不满吗?

014 小组作业落到我一人身上,我要独自"负重前行"吗?

016 答应给同学的模型没做完,我要自己硬撑吗?

018 同学学习上有不懂的地方,我要不顾一切帮助他吗?

020 同学觉得分享理所应当,我该怎么办?

022 同学总让我帮忙带饭，
我该怎么办？

024 午休时课桌被占用，
我要提出抗议吗？

026 同学到处传播我的秘密，
我该怎么办？

028 好朋友也想竞选班长，
我要为了友情放弃竞选吗？

030 大家一起吃小吃，
我要主动请客吗？

2 学会拒绝，为善良划定边界

034 同学频繁跟我借文具，
我要一直答允吗？

036 同学经常要我帮他值日，
我要纵容这种行为吗？

038 被拉去社团凑人数，
我不能拒绝吗？

040 不想跟朋友交换奖品，
我要怎么拒绝？

042 朋友邀请我参加生日聚会，
我打算复习功课该怎么办？

044 不想把新衣服借给朋友，
又怕被说小气该怎么办？

046 朋友向我抱怨不停，
我要当"情绪垃圾桶"吗？

048 朋友让我每天来打乒乓球，
我该怎样拒绝？

051

3 遵守底线，善良也要有原则

052 同学做错了事，
我能帮他骗老师吗？

054 朋友要我一起孤立新同学，
我要做帮凶吗？

056 朋友抄我的作业，
我该怎么办？

058 朋友要我帮忙传递答案，
我可以拒绝吗？

060 朋友放学后去网吧，
我要不要帮他打掩护？

062 值周时发现朋友没戴校牌，
我要为他网开一面吗？

064 朋友弄坏了商品，
我要选择视而不见吗？

066 朋友翻看同桌的日记，
我要及时制止吗？

068 朋友要我参与"骂战"，
我该同意吗？

070 朋友让我帮他画参赛画，我能拒绝吗？

072 朋友要我帮忙打群架，我要不要答应？

4 075 保护自己，善良不能被利用

076 高价售卖的手工制品，我要出于爱心购买吗？

078 陌生人想要我带路，我该如何回应？

080 陌生人借用我的电话手表，我该同意吗？

082 新邻居没带钥匙想进我家，我要答应吗？

084 陌生人让我帮忙保管物品，我能答应吗？

086 网上的众筹链接，我能轻信吗？

088 陌生人让我去喊同学出来，我该去吗？

090 陌生人请我帮忙分辨气味，我能去闻吗？

092 陌生人请我一起寻找小狗，我该怎么办？

094　孕妇阿姨要我送她回家，
　　　我能答应她吗？

096　网上发酵的社会事件，
　　　我能相信并转发吗？

远离霸凌，可以善良但不能懦弱

100　同学给我起外号，
　　　我要默默承受吗？

102　被同学开侮辱性的玩笑，
　　　我该怎么办？

104　同学买零食要我付钱，
　　　我该怎么办？

106　总是有同学插队，
　　　我要站出来制止吗？

108　被高年级强制交换篮球，
　　　该怎么办？

110　总把最脏最累的活分给我，
　　　我该逆来顺受吗？

112　朋友总是让我按她说的做，
　　　我不愿意怎么办？

114　同学总是故意推搡我，
　　　我该跟老师说吗？

116　同学在网络上造谣诽谤我，
　　　我该怎么办？

主要登场人物

·可可·

善良的女孩，心肠特别软，不愿见别人受苦；脸上总是带着笑，性格随和，人缘好。朋友有困难，她第一个帮忙；大家闹矛盾，她也总是主动进行调解。因为她凡事都先考虑别人，所以大家都喜欢和她在一起。

·硕硕·

活力满满的男孩、可可的同桌，性格开朗乐观。他偶尔粗心大意，说话做事不太注意分寸，一不小心就会越界，但好在大家知道他没坏心思，所以不太跟他计较。

·小雪·

看起来柔柔弱弱的女孩、可可的同学。在日常小事上，她总是有诸多不满，一会儿抱怨椅子硌得慌，一会儿叫嚷背包沉得很。对于自己分内的事，她总找各种借口推脱，转手交给别人去做，时间久了，身边的人都对她有些无奈。

· 思思 ·

可可最好的朋友，和可可住在同一个小区。学习上名列前茅，才艺方面也有不少能拿得出手的本领。性格外向活泼，脸上总是洋溢着灿烂的笑容，像个小太阳。

· 张老师 ·

可可的班主任兼语文老师。温柔有耐心，善于引导学生进行自我反思和改进。

· 可可妈妈 ·

非常温柔，能理解孩子，适时给孩子合理的建议。

· 可可爸爸 ·

工作比较忙，但是在孩子需要帮助和开导的时候会进行很好的引导。

不做"老好人"
善良也要有锋芒

妈妈,同学说她的椅子硌得慌,想和我换椅子,我该换吗?

可可,帮助他人是一种美德,但不应该建立在牺牲自己的正当权益之上。换椅子虽然是小事,但是如果你每次都无条件地答应别人的请求,别人就会觉得你"好说话",以后就会更频繁地向你提要求。你可以建议同学先问问老师能不能从家里带个垫子垫在椅子上,这样既帮助了她,也没有委屈自己。

① 不做「老好人」，善良也要有锋芒

同学说她椅子坐得不舒服,我要跟她换吗?

课间休息时,前桌的小雪突然小声惊呼起来,引起了我的注意。我关心地问她怎么了。

听到我的询问,小雪开始对我大倒苦水。原来她觉得自己的椅子坐得不舒服。

我想到自己的椅子还算牢固,坐起来也比较舒服,就犹豫要不要跟小雪换一换。

可可,你在想什么呢?

我正想得入神,张老师不知什么时候走了过来。

见到张老师来了,我赶忙把自己的想法告诉了她。张老师却微笑着摇了摇头,给了我另一个办法。

可可,你有一副热心肠,这很好。可是如果把坏椅子换给你,你坐起来也不舒服。不如把坏椅子送去总务处修一下,问题不就解决了吗?

这么简单的办法我怎么没有想到?谢谢张老师!

我把这个办法告诉了小雪。看着小雪开心的样子,我心里也美滋滋的,原来帮助别人不一定非要委屈自己。

小雪,你觉得椅子坐起来不舒服,不如我陪你一起把椅子送去总务处修一下吧?

好哇,谢谢可可,你真好!

敲黑板

帮助别人的方法有很多,不一定非要委屈自己、牺牲自己的正当权益,让双方都满意的方法才是最合适的解决方法。

同学借的书一直不还,我能主动索要吗?

课间休息时,硕硕向我借课外书,我爽快地答应了。

可可,你能把这本书借我看看吗?

好,给你。

谢谢可可,你放心,我下周就把书还你!

好的。

硕硕接过书,再三保证自己下周就归还。

硕硕怎么还不还我书呢?难道他还没看完?

一周的时间很快过去了,可硕硕却还没提起还书的事。

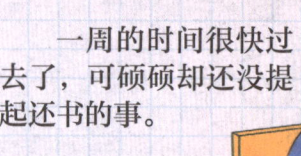

我想开口找他要，又觉得有点尴尬。

主动开口要，硕硕会不会觉得我不信任他？要不算了吧？

纠结了一整天后，我决定向妈妈求助。妈妈耐心地开导了我，并给了我建议。

可可，遇到这种情况，与其自己胡思乱想，不如主动提醒硕硕，万一他就是不小心忘了呢。问一问，没什么尴尬的。

好的，我试试看！

第二天，我主动提醒硕硕还书。听了我的话，硕硕痛快地答应明天就把书还给我。原来"索要"这件事并没有我想象的那么可怕。

硕硕，上周你向我借的书看完了吗？可不要忘记还哟。

哎呀，可可真对不起，我忘了，幸好你提醒了我。我明天就把书带来还你！

敲黑板

把东西借给他人是我们出于好意，对方有按时归还的义务。如果对方到了约定的时间还没归还，与其自己胡思乱想，不如直接开口询问。

球拍被别人弄坏，我要放弃赔偿吗？

见球拍不能用了,我想让硕硕赔偿,可又觉得尴尬,所以纠结不已。

我要不要让硕硕赔呢?好烦哪!

回家后,爸爸发现我闷闷不乐,就问我发生了什么事。于是我把今天发生的事情告诉了他。爸爸帮我分析了这件事。

球拍是你的东西,如果被别人弄坏了,那么你提出赔偿是合理且正当的要求。如果因为怕尴尬就放弃要求别人赔偿,那么你就要自己承担经济损失,这不是为别人的失误"买单"吗?

爸爸我明白了!

硕硕,我知道你不是故意弄坏球拍的,但我差一支球拍,打球很不方便,所以我希望你能尽快赔一支新球拍给我。

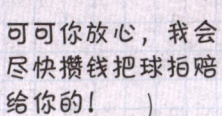

可可你放心,我会尽快攒钱把球拍赔给你的!

第二天,我找到硕硕,提出赔偿要求。硕硕爽快地答应了。我这才发现原来索赔并没有想象中那么尴尬。

敲黑板

当自己的东西被他人弄坏时,主动向对方索要赔偿,不仅能维护自己的正当权益,还能让他人在使用你的物品时更加仔细、爱护。

登山活动中我已自顾不暇，我要帮助他人吗？

周末，学校组织了登山活动。走了一阵儿，我发现旁边的小雪脚步愈发沉重，几乎要跟不上队伍了。

> 小雪，你得走快点，不然要掉队了。

> 天气好热，包也好重，我实在走不动了……

小雪看起来柔柔弱弱的，硕大的包把她的腰都压弯了，于是我主动提出帮她背包。

> 要不我来替你背包吧，这样你走起来会轻松点。

> 真的吗？可可你太好了！

烈日当空，我背着两个包，艰难地走在山路上，汗水几乎把衣服浸湿了。走着走着，我感觉头晕了起来。

> 天气好热呀……我怎么感觉有些头晕……

> 可可，你没事吧？老师，您快来看，可可出了好多汗！

张老师见我不舒服，赶忙过来把我扶到阴凉的地方坐下。

快把可可扶到阴凉的地方休息一下。

我坐着休息了好久，又喝了不少水，总算缓和了些。张老师这时和我聊了聊我帮助小雪的事。

我刚才好难受。这是怎么回事？

今天天气热，你又背着两个包，体力消耗比较大，多半是中暑了。可可，关心同学是不错，但要先照顾好自己，有余力再去帮助他人哪。

老师我知道了……

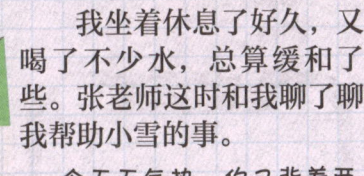

听了张老师的话，我意识到自己的身体同样重要，我要先照顾好自己，才能为他人提供更有效的帮助。

敲黑板

人在自顾不暇的情况下很难有精力去有效地帮助他人，所以照顾好自己是第一位的，若有余力，再去帮助他人也不迟。

朋友不开心，我要熬夜安慰她吗？

晚饭后，我收到了思思发来的消息——她因为比赛失利难过不已。我赶忙安慰她。

失败是成功之母，比赛都是有输有赢的，别难过啦。

可可，我这次比赛没有取得名次，我好难受。

为了安慰思思，我使出了浑身解数逗她开心。

别想太多啦，我给你讲个笑话吧……

哈哈哈，谢谢你可可，幸好有你陪我，我心情都好了不少呢！

不知不觉夜已深了。我已经很困了，却不好意思告诉思思，担心她觉得我没把她当朋友。

好困哪，可我的朋友需要我，我还不能睡……

这时，我的房门被敲响了，原来是妈妈见我房间还亮着灯，来问我是怎么回事。我把前因后果告诉了妈妈。

思思心情不好，我在安慰她……

可可，都11点了，你怎么还不睡觉哇？

妈妈听了，温柔地给出了建议。

可可，夜深了，大家都需要休息。遇到这种情况，可以先简单安抚一下朋友，约定在第二天双方状态都好的时候再深入聊聊，这样效果也许会更好哟。

行，我试试看！

我按照妈妈的建议做了，竟收到了思思暖心的回复。我的心里暖暖的，看来说出自己的想法并不会影响我们的友谊。

思思，今天太晚了，熬夜对身体不好，不如明天咱们见面再好好聊吧？你也早点休息。

嗯嗯，那你也快点休息吧，晚安！

敲黑板

熬夜很容易影响正常的学习、生活状态，安慰朋友并不急于一时，只有自己先休息好，才能活力满满地为朋友提供更多能量。

同桌总是用我的纸巾，我要说出不满吗？

课间休息时，硕硕不小心把水洒到了桌子上。他急切地向我借纸巾。

可可，我把水洒到桌子上了，借用一下你的纸巾！

给，你自己拿吧！

体育课后，硕硕满头大汗，又找我借纸巾。

可可，我打球出了很多汗，借用一下你的纸巾！

给你！

自习课上，硕硕写作业时弄了一手的墨水，于是又找我借纸巾。

可可，我的手弄脏了，借用一下你的纸巾！

……

唉，硕硕总是用我的纸巾，我该怎么跟他说，让他不要这么做呢？

硕硕频繁借用我的纸巾，一天下来，我新拆的一包纸巾很快就见底了。这使我很苦恼。

回家后，我把心里的苦恼告诉了妈妈。妈妈给了我建议。

可可，纸巾是你的私人物品，既然你对别人频繁借用纸巾感到不舒服，就应该向对方说出自己的不满。你不说出来，对方可能根本就没有意识到自己的问题。

妈妈我明白了！

之后，我向硕硕表达了我对这件事的感受。我发现，直接表达出自己的感受是很有必要的，我与硕硕之间的友谊也并没有因此而破裂。

硕硕，有特殊情况时，你跟我借纸巾是没有问题的，但是你用纸巾不能总靠借呀。你应该自己也带点纸巾，这样自己使用也方便，你觉得呢？

嗯，以后我一定记得自己带纸巾。

敲黑板

面对别人有意或无意占便宜的行为，如果你感到不舒服，就勇敢地说出自己的感受，让对方知道你的不满，并意识到自己的行为不妥。

小组作业落到我一人身上，我要独自"负重前行"吗？

张老师布置了小组作业，作为组长，我想组织大家讨论一下分工。

下周要交小组作业，这是任务清单，咱们先来讨论一下分工吧！周末你们来我家，我们一起完成。

可大家并不配合，纷纷以有事为借口不愿意完成小组作业。

我也早就和朋友约了这周末去打球。

我周末还要练琴、画画，可能没时间完成小组作业了。

大家都不愿意做小组作业，这可让我犯了难。

你们要是都不做的话，那小组作业怎么办呢？

可可，你是组长，能力又强，我相信你一个人也可以完成的，加油！

周末，我一个人忙着做小组作业，但根本做不完。我把我的委屈告诉了妈妈。

妈妈告诉了我正确的做法。

于是，我诚恳地邀请大家来我家，和他们谈了谈。看着大家积极响应的样子，我心里很高兴，相信在大家的共同努力下，我们一定能做好小组作业。

> **敲黑板**
>
> 　　小组作业是团体任务，需要大家互相配合、共同努力，而不是一个人"负重前行"，这样不仅不公平，也有违老师安排小组作业的初衷。

答应给同学的模型没做完,我要自己硬撑吗?

今天,我把自己制作的模型带到学校,收获了不少同学的夸奖。

小雪很喜欢这个模型,也想要一个,我答应做一个给她。

听见我答应了小雪,思思和硕硕也提出想要一个这个模型,我不得不都答应了。

回到家，我马不停蹄地开始制作模型。可是由于制作模型费时费力，我做到半夜还没做完。妈妈发现了我的异常。

> 可可，这么晚了，你怎么还在做模型啊？

> 唉，才做了一半，难道我今晚要"加班"了吗？

我将苦恼告诉了妈妈。妈妈温柔地开导了我。

> 可可，今晚做不完模型也没关系，如实地把情况告诉对方就好，不需要自己硬撑。硬撑不仅不能很好地解决问题，还会给你增添不必要的压力。

> 这……同学们不会觉得我言而无信吗？

> 不会的。

第二天，我将自己的情况告诉了小雪他们，小雪他们并没有生气。原来解决问题的方式有很多种，直接对同学说明原因，远比自己硬撑来得轻松。

> 没关系的，可可，你能帮我们做就已经很好了，不急的。

> 模型的制作时间比较长，我还没做完，晚几天给你们可以吗？

敲黑板

在答应他人做什么事之前，一定要考虑清楚自己能不能做到。如果答应了之后才发现自己做不到，也千万不要硬撑，要及时跟对方沟通并说明原因，相信对方能理解你的难处。

同学学习上有不懂的地方，我要不顾一切帮助他吗？

可可，这题我不会做，你教教我吧。

自习课时，硕硕拿着习题册上的题目向我请教。我花时间给他讲了那道题。

好的，我看一下。

不一会儿，硕硕又拿着一堆题目来找我了。看着这么多题目，我陷入了迟疑。

这么多题，要讲好久吧……

可可，这几道题我也不会，你快给我讲讲吧。

可看着硕硕央求的样子，听着小雪的劝说，我觉得自己确实应该帮帮硕硕。

可可，你可是我的同桌呀，我学习上遇到困难你可不能不帮啊。

好吧……

是呀，可可，你成绩这么好，给硕硕讲讲题不耽误事的。

一节自习课很快就过去了，看着没写多少的作业，我苦恼不已。

这么快就下课了？

可可，怎么一节自习课你就写了这么点作业呀。

唉，自习课上硕硕总让我给他讲题，我自己都没时间做作业了。

正巧张老师过来巡查，我就把自己的烦恼告诉了张老师。

可可，你没有帮助同学学习的义务，没必要为拒绝同学觉得不好意思。下次再遇到这种情况，你可以让硕硕先做自己会做的题目，等你自己做完作业后，再给硕硕讲他不会做的题目，或者让硕硕直接问老师。

张老师给我讲了她的想法。听了张老师的话，我有一种醍醐灌顶的感觉。原来，每个人的时间、精力都是有限的，没有谁有义务去帮助他人学习，不应该因此被"道德绑架"。

嗯！老师我明白了！

敲黑板

学习是每个人自己的事，在力所能及的情况下去帮助别人学习是一件好事，但并不是你的义务。不要被别人"道德绑架"，要坚定自己的立场，不被周围的声音裹挟着做自己不想做的事。

同学觉得分享理所应当，我该怎么办？

最近，爷爷奶奶给我买了不少零食，我经常把它们带到学校来。我喜欢和他人分享的感觉，几乎每次都会把零食分给同学。

久而久之，我一吃东西，硕硕就过来讨要，似乎把东西分给他吃是理所应当的事。

硕硕理所应当的态度让我有些不高兴,我却不知道该怎么跟他说出我的感受。

哎呀,可可,别那么小气,就一点零食都舍不得。

我……

小雪见状,走过来,将零食从硕硕手上拿过来还给我,并帮我说话。

可可哪里小气了!这是可可的零食,她跟同学们分享是出于友善和大方,而不是天经地义的事情。

听了小雪的话,我明白了,分享本是一种快乐,千万不要让它成为负担,遇到不愉快就要大胆说出来。

是呀,硕硕,我跟你分享零食是因为把你当朋友,但这并不是理所应当的呀。你要是有什么想吃的零食,可以自己去买,而不是伸手管我要。

不好意思可可,我以后会注意的。

敲黑板

和同学分享当然是一件快乐的事,但要明确的是,你的分享是出于善意,而不是理所应当的。

同学总让我帮忙带饭，我该怎么办？

吃饭时间到了，我正准备去餐厅时，小雪央求我帮她带饭。

第二天，小雪又请我帮忙带饭，我答应了。

第三天，我又被小雪叫住了。果不其然，她还是让我帮她带饭。

从此,小雪三天两头让我帮她带饭,搞得我既郁闷又疲惫。

又要帮小雪带饭,好累呀……

在回教室的路上,我遇到了思思,我将自己的苦恼告诉了思思,思思温柔地安慰了我。

我明白了!我回去就和小雪说清楚。

可可,既然你觉得帮小雪带饭已经成为你的负担,为什么不直截了当地跟她说明你的想法和感受呢?说清楚并积极寻求解决问题的方式,总比默默当"老好人"好哇。

我和小雪说清楚了情况,小雪向我表示以后不再这么做了。原本困扰我的问题就这样轻松解决了,我欣喜不已,看来勇敢地表达自己的想法的确很有必要。

嗯嗯,我以后不这样了……

小雪,自己的事情应该自己做,总让我帮你带饭也不是长久之计,以后你还是自己去打饭吧,实在不方便的时候咱们再商量解决,你觉得呢?

敲黑板

善良也要有限度,如果你觉得帮助同学已经成为自己的负担,就要直接明确地向对方说明情况,而不是默默忍受,一直当"老好人"。

午休时课桌被占用，我要提出抗议吗？

可可，我正在整理课桌，能把东西先放在你桌子上吗？

课间休息时，硕硕想借用我的课桌，我痛快地答应了。

没问题。

经过一上午紧张忙碌的学习，我已疲惫不堪，希望能美滋滋地睡个午觉。

好累呀，终于可以午休了。

硕硕，你什么时候才能挪走你的东西呀？

可吃完午饭，到了教室，我才发现硕硕的东西仍堆放在我的课桌上。

要午休啦，先不着急，再等一等吧。我特意给你留了一块空位午休呢。

硕硕的东西占用了我大半个课桌,我根本没法好好休息。

我很生气,所以直接向硕硕点明了他的不对。

硕硕意识到了自己的错误,立刻收拾了起来。看来今天中午我能睡个好觉了。

• 敲黑板 •

作为一个善良的人,你可以好说话,但不能好欺负。如果他人的行为侵犯了你的正当权益或对你造成不便,你应该勇敢地表达出来,而不是忍气吞声。

同学到处传播我的秘密，我该怎么办？

课间休息时，小雪见我心情不好，前来关心我，我便把自己的秘密告诉了她。

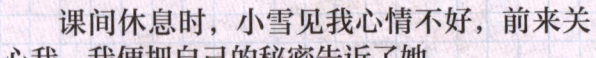

我认真地叮嘱小雪不要把这个秘密告诉别人，小雪痛快地答应了。

可没过多久，我就听见小雪把我的秘密讲给其他同学听。

听见自己的秘密被当作大家的谈资,我既伤心又无奈。

思来想去,我决定鼓起勇气找小雪谈一谈,制止小雪的行为。小雪意识到了自己的错误,向我道了歉。

在这之后,当发现同学们在讨论我的隐私时,我也能妥善处理了。

敲黑板

当发现自己的隐私被他人侵犯时,要勇敢地指出对方的问题,要求对方停止这种行为。这会比默不作声更能解决问题。

好朋友也想竞选班长，我要为了友情放弃竞选吗？

班会上，张老师向大家公布了即将开始班长竞选的消息。

新学期的班长竞选马上要开始了，感兴趣的同学都可以报名参加。

我觉得这是一个不错的锻炼机会，决定尝试一下。

等下课我就去找老师报名参加班长竞选……

可下课后，小雪却找到我，表示她也想竞选班长，并希望得到我的支持。

嗯……

可可，我想竞选班长，作为我的好朋友，你可一定要支持我呀。

班长的名额只有一个,我和小雪之间必然会产生竞争。既然小雪想报名,我要不要放弃呢?

这让我陷入纠结之中,担心竞选班长会影响我和小雪之间的友谊。

可可,你不去找张老师报名,在这儿干什么呢?

我把我的顾虑告诉了思思,想听听她的意见。她想了想,给了我一点建议。

可可,我觉得友谊和竞争并不冲突,竞选班长是一个很好的锻炼机会,你和小雪完全可以互相鼓励、公平竞争,这样不仅能提升能力,还能让你们之间的联系更紧密。

你说得对,思思,我明白了!

听了思思的话,我知道了友谊和竞争并不冲突,真正的朋友间完全可以互相鼓励、公平竞争。于是我向小雪说出了我的想法,小雪欣然同意。

小雪,我也想竞选班长,不如咱们一起报名吧。

好呀,一起加油!

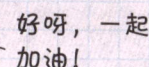

敲黑板

友谊和竞争并不是"二选一"的选择题,当和朋友产生竞争关系时,不要畏惧或逃避,应该坦诚地对朋友说出你的想法,和朋友互相鼓励、公平竞争。

大家一起吃小吃，我要主动请客吗？

放学后，硕硕提议一起去吃小吃。

学校门口新开了一家小吃店，咱们一起去尝尝吧！

我和思思对那家店里的小吃垂涎已久，于是我们毫不犹豫地答应了。

我同意！我早就想去啦！

好哇，我也加入。

选好了小吃，我却在结账时犯了难。

爷爷常说要做一个大方的人，那我是不是应该主动请客呢？可这小吃也挺贵的……

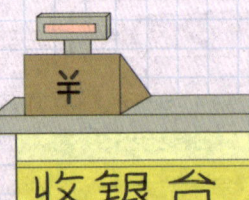

这时，思思提议大家平摊费用。

这些一共36元，咱们AA制吧。我先垫付，等会儿大家再给我。

好的，这是我那一份钱。

虽然大家没有对思思的提议提出异议，可我却总怀疑是不是自己的犹豫才让思思这么提议的。

我刚才是不是应该主动提出请客呢……

回到家后，我把这件事告诉了爸爸。爸爸语重心长地说出了他的意见，减轻了我的心理负担。

可可，主动请客并不是你的义务。AA制是一种公平合理的方式，大家也都能接受，不是吗？

嗯嗯！我知道了爸爸。

> **敲黑板**
>
> 零花钱是父母给的，要合理花销。作为学生，和同学聚餐时没必要主动提出买单，大家平摊费用才是一个不错的选择。

学会拒绝
为善良划定边界

爸爸,同学总是忘带文具,然后找我借,我该一直借吗?

可可,当面对他人过度依赖自己的情况时,你不能一味地迁就他人,要通过合适的方式引导对方意识到自己的问题,并帮助他养成良好的习惯。在人际交往中,对于不合理的要求,你要勇敢地拒绝。对于你提的这个问题,你可以对对方说:"我也要用这些文具,今天我可以再借给你一次,从明天开始,你要记得自己带文具!"

学会拒绝,为善良划定边界

同学频繁跟我借文具,我要一直答允吗?

语文课上,小雪忘带红笔了,于是向我借一支红笔。

自习课的时候,小雪又向我借尺子,幸好我有两把,便借了一把给她。

数学课上,我们要学习圆规的使用方法,老师让我们拿出自己的圆规。小雪却没带圆规。

小雪又来向我借圆规，可我只有一把。

我犹豫不决，不知道自己该不该借。

最后，我还是拒绝了小雪的请求。这次拒绝让我懂得了一个道理：当我有能力时，我可以帮助他人；当我力所不及时，我要学会拒绝。

敲黑板

面对他人的请求，首先应考虑自己的实际情况，再决定是否帮助对方，这才是对自己和他人都负责的态度。只有确保自己有能力、有余力时，对他人的帮助才能真正发挥积极作用。

同学经常要我帮他值日，我要纵容这种行为吗？

可可，拜托你了，今天帮我值日吧。

放学铃声刚刚响起，硕硕就跑来找我，让我帮他值日。

啊？又帮你值日？

这已经不是硕硕第一次让我帮他值日了，前几次我都答应了他。这次我却不想这么做了。

可可，拜托你了，帮我一下吧，我有急事。

那……好吧。

我犹豫不决，可是硕硕一个劲儿地求我，我还是答应了他。

可可你最好了，再帮我一次吧，下次我也帮你。

好吧，这是最后一次。

不一会儿,张老师来班里拿东西,看到是我在值日,非常惊讶。

张老师和我谈了很久,她的话让我明白了帮助别人不应该以牺牲自我为代价。

此后,我拒绝了硕硕再次让我帮忙值日的请求,原来这并没有那么难。另外,在我表示了拒绝之后,硕硕对待值日也变得认真了。

敲黑板

别人把自己的事推给你,这是很不负责任的表现,你可以果断拒绝,划清责任界限。因为心软就把别人的事揽过来,这不是善良,而是对不负责任行为的纵容。

被拉去社团凑人数，我不能拒绝吗？

课间休息时，思思兴奋地来找我，告诉我她加入了诗朗诵社团，还想让我也加入。

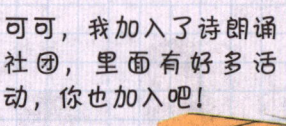

可可，我加入了诗朗诵社团，里面有好多活动，你也加入吧！

我？我不太擅长诗朗诵啊。

没事，现在社团人数太少，你就当陪我一起，行吗？

我对诗朗诵并不感兴趣，可是思思却一再地央求我也加入这个社团。

可是，我……

我拒绝的话还没说出口，思思就替我做了决定。

哎呀，别犹豫了，你只要去参加就行，别的不用管，报名表我都给你拿来了。

好吧，那我看看吧。

诗朗诵社团的活动可真不少,如果报名,就意味着我的课余时间都要花在这上面了。

每周三天,每次一小时,每个月还有一次周末活动……要花好多时间哪。

我思来想去,最后还是决定对思思说出自己的真实想法。

啊?你真的不参加呀!

思思,社团活动占用的时间太多了,我还有自己喜欢的事情要做,所以不能陪你参加了。

说完之后,我感到特别轻松,而思思也没有因此生我的气。这件事让我明白了好朋友之间应该互相理解和尊重。

我对诗朗诵并不感兴趣,进入社团可能还会拖你后腿。我相信以你的实力肯定可以在社团里交到志同道合的朋友。

好吧,那就不勉强你啦。

敲黑板

好朋友之间可以有不同的选择,不必因为害怕伤害朋友而勉强自己。你可以坦诚地说出自己内心的想法,这样才能让朋友真正地了解你,一味地迎合反而会让友谊出现裂缝。

不想跟朋友交换奖品，我要怎么拒绝？

班会上，张老师给我颁发了一个月评选一次的读书活动一等奖，我还获得了一个漂亮的笔记本。

小雪也得到了一个奖品——一支笔。她羡慕地看着我的奖品，想跟我交换。

我并不想交换，可是架不住小雪一个劲儿地央求我，只好勉强同意了。

回家后,妈妈见我不开心,问我怎么了。我拿出交换的奖品给妈妈看,把我的委屈也告诉了她。

在妈妈的开导下,我决定和小雪换回奖品。

我和小雪并没有因为这个小插曲而产生隔阂,我们一起制订了读书计划,互相督促。我相信,下个月的班会上,小雪也能获得心仪的奖品。

敲黑板

生活中,你无须为了迎合、取悦他人而舍弃自己喜欢的东西。面对朋友的索要,你应该勇敢地捍卫自己的东西,这样才能收获平等的友情。

朋友邀请我参加生日聚会，我打算复习功课该怎么办？

课间休息时，小雪高兴地给同学们发了生日邀请卡，邀请大家参加她的生日聚会。

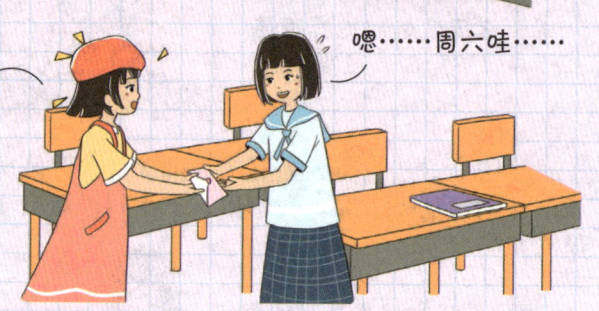

虽然我也想去参加小雪的生日聚会，但是我又计划了要在那天复习功课。

我要不要答应小雪呢？我不知道怎么办才好，所以直到放学回家还在纠结。

如果不去，小雪会失望的。可如果去，复习计划怎么办？唉，想不出来，要不先拖着？

可可，你想什么呢？

我把我的烦恼告诉了妈妈，妈妈的话让我醍醐灌顶。

你想去就去，如果不想去，也要好好和朋友说清楚，一直拖到最后再告诉朋友，反而更伤朋友的心。

我知道了，妈妈。

第二天，当小雪再次问我的时候，我拒绝了她并解释了原因。小雪对此表示理解，并没有因此不高兴。

对不起，小雪，我周六有别的计划，不能参加你的生日聚会了，我很抱歉，希望你们玩得开心哪。

那好吧。

敲黑板

当朋友的邀请与自己的计划有冲突时，你可以提前和朋友沟通，或许可以找到一个折中的办法。如果实在去不了，也要真诚地说明原因，明确地拒绝，不要拖拉。

不想把新衣服借给朋友，又怕被说小气该怎么办？

周末，思思来我家，约我一起去公园玩，我准备穿件外套再和她出门。

可可，咱们去公园打羽毛球吧。

好，等等，我穿件外套。

这件外套好漂亮啊，以前没看你穿过。

我在找衣服的时候，思思一眼就看到了我挂在衣柜里的新外套。

这是妈妈才给我买的，我还没穿过呢。

嗯，你试吧！

思思把我的新外套拿出来，左看右看，爱不释手。

真好看，能不能让我试一下？

太漂亮了,可可,借我穿一天行不行?

这……

思思穿上我的新外套,对着镜子照了又照,喜欢得舍不得脱下来。于是,她让我把外套借给她穿一天。

我想到要把新外套借人,真有点舍不得。

这件外套我还一次都没穿过呢,可是如果不借,思思会不会觉得我小气呢?

思来想去,我还是决定告诉思思我的感受。出乎我意料的是,思思不仅没有生气,反而十分理解我。

哈哈,好吧,那我就不夺人所爱啦!

这件外套刚来我家,先让我和它"培养培养感情"吧,等我们"熟悉"了以后,我再借你穿,好不好?

敲黑板

遇到朋友向你借你珍视的东西时,你可以真诚地告诉对方这件东西对你很重要,不要怕拒绝会伤害你们之间的感情。拒绝时语气可以幽默一些,或提出替代的方案,这样可以最大程度地维护朋友间的友谊哟。

朋友向我抱怨不停，我要当"情绪垃圾桶"吗？

中午休息时，我刚打开一本课外书，小雪就坐了过来。

小雪打开了话匣子，跟我讲起她和琪琪之间的不愉快。

小雪似乎并没听进去我劝慰她的话，依旧沉浸在自己的情绪中，不停地抱怨着。

我无奈地看着刚翻开第一页的书，小雪却一点都没有结束的意思。

"唉，看来这书又看不成了。"

我觉得不能任由小雪一直抱怨下去了，于是提出和小雪一起寻找解决问题的办法，这样她才能不陷入情绪的漩涡中。

"小雪，你这样胡思乱想不行，咱们想想怎么解决问题吧，说不定是你误会她了呢。"

"这……"

"还有十分钟就打铃了，我们再聊十分钟，'头脑风暴'一下，不要把不开心的事放大啦。"

"好，就十分钟。"

敲黑板

当朋友难过时，你陪在朋友身边，这没有错。但当朋友抱怨不停时，不仅朋友痛苦，你也难受，所以不妨从帮助朋友解决问题入手，这样既能避免自己成为"情绪垃圾桶"，又能帮助朋友。

朋友让我每天来打乒乓球，我该怎样拒绝？

放学时，我正准备回家，思思却拿着一副乒乓球拍来找我。

没想到，思思打乒乓球的技术实在太差了，我们大部分时间都用来捡球了。

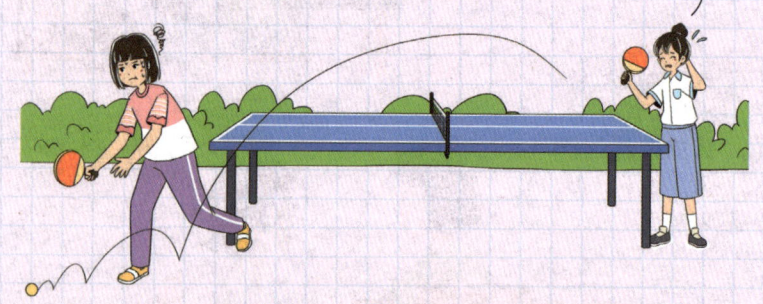

打了一会儿，我想回家写作业了，可思思却拉着我不让我走。

没办法，我只能答应思思再打一会儿。可是，思思竟又提出让我以后每天都陪她打乒乓球。

看着思思期待的眼神，我突然想到了一个好主意——让她参加乒乓球社团。

我又继续劝说思思。她最终采纳了我的建议。我既帮助了朋友，又解放了自己，这才是两全其美的解决办法呀。

敲黑板

面对朋友的请求，你要明确自己的优先事项，然后再与朋友真诚沟通，在这个过程中可以提出好的建议或替代办法，这样既能巧妙地拒绝朋友的请求，又能避免伤害与朋友的感情。

遵守底线
善良也要有原则

妈妈,好朋友让我别理新同学,我该怎么办?

可可,你在面对不良行为或不合理要求时,要有勇气直接拒绝,不能盲目从众,不能因人情等因素而妥协,要勇敢捍卫内心的正义与良知!所以,好朋友让你别理新同学时,你应该告诉好朋友,孤立别人是不对的,你们应该主动和新同学交朋友。

3 遵守底线，善良也要有原则

同学做错了事，我能帮他骗老师吗？

硕硕正跟我聊天，一不小心把学校拿来展览的展品摔坏了，我吓了一跳。

四周正好没人，硕硕害怕被责怪，于是请求我千万不能告诉老师。

硕硕若无其事地和我一起回教室，可我一想到要骗老师就心慌。

上课时，我听不进老师的讲课内容，脑海中一直想着那个摔坏的展品。

老师什么时候会发现展品摔坏了？我该怎么办？要帮硕硕骗老师吗？

回到家，我也一直心事重重。我主动找爸爸讲了事情的经过，希望爸爸给我出出主意。

你被这件事困扰，说明你是个有正义感且善良的孩子。你要坚守自己的原则，做到诚实、正直。好的友谊不是互相包庇错误，而是共同承担责任。

爸爸，我明白了，明天我就和硕硕去找老师坦白。

第二天，我和硕硕向老师坦白了事情的经过，老师并没有责怪我和硕硕，相反，老师还夸我们诚实、敢做敢当。

展品破损了，我去上报学校，看看怎么处理，不过我要表扬你们诚实、敢做敢当。

嗯，老师，我愿意承担责任。

敲黑板

朋友犯错时，要劝朋友坦诚地面对错误，告诉朋友：只有勇敢地承担责任，才能赢得别人的尊重，才能让自己问心无愧。

朋友要我一起孤立新同学,我要做帮凶吗?

课间休息时,小雪突然来找我,让我以后不要跟新同学玩,这让我有些不知所措。

可可,我不喜欢她,以后我们都别理她,好不好?

这不太好吧……

体育课上,小雪强行把我从新同学身边拉开。

可可,你干吗跟她站得这么近?我们要孤立她,不跟她玩。

在回家的路上,小雪还一直在说讨厌新同学。

新同学看着就讨厌……

唉,我要是那个新同学,无缘无故被人讨厌,得多伤心哪!

回到家，我想起张老师说的话，更加纠结了。

老师说过我们是一个集体，同学之间要友好相处，可是如果和新同学友好相处，小雪肯定会生我的气……

我实在不知道该怎么办，便向妈妈求助。妈妈给了我建议。

可可，这件事让你感到为难，说明你是个明辨是非的孩子。我们要做正确的事情，不要因为害怕失去朋友而去做错误的事情。我相信，真正的朋友不会让你去做错误的事情。

妈妈，我懂了，我会去跟小雪说的。

我勇敢地向小雪说出了自己的想法，不想做伤害新同学的帮凶。小雪听了我的话也做出了改变。

小雪，虽然我们是好朋友，但是我不能答应你去孤立新同学。孤立别人是不对的，会给别人带来很大的伤害，我们应该试着接纳新同学。

可可，你说得对，是我错了，那我们试着和她做朋友吧！

· **敲黑板** ·

对待新同学，应该友善、包容，积极创造友好和谐的相处氛围；坚守原则，不能盲目跟从朋友的错误做法。

朋友抄我的作业，我该怎么办？

周末，小雪来找我一块儿写作业，可不知道为什么，她眼睛总往我这边看，完全是一副心不在焉的样子。

过了一会儿，小雪提出想抄我的作业。抄作业这件事是不对的，但我又不知道怎么拒绝小雪。

看着小雪一字未动的作业，我清醒过来，明白现在给小雪抄作业只会害了小雪。

我决定主动教小雪做题,她虽然不太乐意,但也勉强答应了。

在我的讲解下,小雪慢慢理解了那些难题,抵触情绪也没了。我心里非常高兴。

第二天,小雪的作业得到了老师的表扬,我由衷地为她感到高兴。

敲黑板

对同学学习上真正的帮助绝非纵容同学犯错,而是让同学领悟学习的真谛,避免在错误的泥潭中越陷越深。

朋友要我帮忙传递答案，我可以拒绝吗？

考场上，紧张的气息弥漫在每一个角落，大家都在努力答题。就在这时，小雪竟动起了歪脑筋，想让我帮她传纸条。

小雪要干吗？要作弊吗？我要怎么办？算了，就当作没看见吧，希望她能就此打住。

咳咳！

我本想着冷处理，让小雪知难而退，可她却一个劲儿地搞小动作，试图引起我的注意，真让人揪心。

考试结束后，小雪对我"不帮忙"的行为很生气，这让我十分委屈。

可可，我们还是不是朋友？我又不抄你的答案，就让你动动手帮我传个纸条而已，你都不愿意，咱们这朋友算做到头了，绝交吧！

小雪！

回家后,妈妈发现了我的异样,于是我把事情的原委都告诉了妈妈。妈妈温柔地开导了我。

妈妈,我是不是做错了?也许,我应该帮小雪……

可可,你做得对!考试是为了检验你们真实的学习成果,如果靠作弊蒙混过关,那考试还有什么意义?而且,你要是帮她作弊,被发现了,你们俩都得受处分,这不是害了朋友吗?

听了妈妈的话,我决定找小雪好好谈谈。

小雪,考试应考出真实水平,作弊对那些努力的同学不公平!而且一旦被抓,后果不堪设想。最重要的是,就算你这次靠作弊考了高分,那以后怎么办呢?难道你要一直作弊吗?

我没想这么多……

在我的努力下,小雪认识到了自己的错误,我们又重归于好了。

一次考试的成绩不能代表什么,我们一起努力学习,争取以后每次考试都考好,好吗?

好,可可,我们一起努力!

敲黑板

作弊和帮忙作弊的行为是不可取的,不仅自己不能做,在必要时,也要阻止别人做。

朋友放学后去网吧，我要不要帮他打掩护？

放学后，硕硕约我和思思来图书馆写作业，但实际上却是要我们为他去网吧打掩护。

> 可可，等会儿我要跟别的同学去网吧玩，但我和爸妈说我和你还有思思在图书馆做作业，要是我爸妈找你，你记得帮我打掩护哇。

> 啊！这……不好吧。

我觉得这样做不好，想拦着硕硕，但硕硕却觉得无所谓，骑上车就走了。

> 没什么不好的，就这样决定啦！

> 哎，你回来！

我急得焦头烂额，只好找思思商量。

> 硕硕偷摸去网吧了，还让咱们给他打掩护。

> 怎么了，可可？硕硕怎么走了？

"这怎么行呢，赶紧给他爸爸妈妈说，不然硕硕出事了怎么办哪！"

思思想也不想就要给硕硕的爸爸妈妈打电话，但我还是想帮硕硕一回。

"可是硕硕的爸爸妈妈管得那么严，肯定会教训硕硕的。"

然而思思不认同我的想法，严肃地告诉我帮忙打掩护的错误之处。

"你说得对，我这就给硕硕的妈妈打电话。"

"可可，你想帮硕硕是好心，但网吧里人员复杂，并不安全，而且允许未成年人进入的网吧肯定不是什么正规网吧。如果你帮他隐瞒，他出意外了怎么办？"

第二天，硕硕主动找到我和思思道歉，认真反省了自己的错误，我和思思都松了一口气。

"可可、思思，昨天谢谢你们。对不起，让你们担心了，我不该去网吧，也不该让你们帮忙打掩护。"

"没事，你以后可不能这样了！"

敲黑板

当朋友请求你帮忙掩盖他们的不良行为时，你千万不能盲目答应，否则只会将他们推向更危险的边缘。真正的友谊不是盲目地支持，而是在关键时刻给予正确的引导和帮助。

值周时发现朋友没戴校牌，我要为他网开一面吗？

新的一周开始了，我肩负起了值周生的重要使命，为校园秩序保驾护航。

同学们，没有戴校牌的赶紧戴上哟！

突然，我看到硕硕没戴校牌。我知道，他又把校牌忘在家里了。

完了，硕硕又忘记戴校牌了，怎么办？

硕硕这时也意识到了自己的疏忽，心急如焚地向我求情，希望能"躲过一劫"。

可可，我今天忘戴校牌了，你可千万别记我的名字呀。你就当没看见我没戴校牌吧，求你啦。

这不好吧……不符合规定……

我很犹豫，没有立刻答应硕硕的请求。硕硕觉得我不够朋友，说出了让我十分伤心的话。

可可，你不会连这点小忙都不帮吧？我们还是不是朋友？行呗，你爱记就记吧！

硕硕，你怎么能这么说呢！

放学后，我困惑又伤心地回到家中。爸爸见状，连忙过来劝慰我。

可可，你作为值周生，有维护校园秩序的责任。如果你对硕硕网开一面，那些遵守校园秩序的同学会怎么想？而且，你又不是故意为难硕硕的，等他冷静下来，一定会理解你的。

这样吗？那我明天就去找硕硕说清楚！

我在爸爸的开导下，决定跟硕硕坦诚沟通，解开彼此的心结。

硕硕，我记你没戴校牌是我的职责，我不能因为我们是朋友就破坏规则呀。而且，我这么做也是真心为你好，经过这次，你肯定不会忘记戴校牌了。

知道了，可可，昨天是我太冲动了，对不起。

敲黑板

当友情与规则相冲突时，切不可为了友情而践踏规则。要知道，真正牢固的友情，不会因规则的约束而破裂，反而会在相互督促、共同成长中愈发深厚。

朋友弄坏了商品，我要选择视而不见吗？

周末，我和小雪来到文具店挑选各自需要的文具。

小雪，我好喜欢这支钢笔。

嗯，我也觉得不错。

这可怎么办？

意外总是来得猝不及防——小雪无意间碰倒了一个玩具摆件，它掉在地上摔坏了。

不好，小雪，它摔坏了！

直接走吗？不好吧。我要为了友情冒险吗？还是坚守内心的原则？

见没人发现，小雪便想偷偷走掉。我却陷入了犹豫。

可可，我们偷偷走掉吧，你就当没看见。要是被发现了，我肯定要赔好多钱。

看着辛苦忙碌的店员，我下定决心坚守自己的原则。

不行，我不能帮小雪逃避责任，这不但会让她养成逃避的习惯，也会让店家的利益平白受损，是不道德的行为。

我和小雪沟通后，小雪明白了责任和担当的重要性，决定跟我一起去道歉。

小雪，我知道你不是有意摔坏这个摆件的，但逃避不能解决问题。文具店老板每天辛勤经营，我们弄坏了东西却不赔偿，对他来说多不公平啊。我们一起承认错误吧。

唉，可可，你说得对。

您好，我朋友不小心摔坏了这个摆件，但我们愿意赔偿。

我和小雪选择了正确的方式，虽然付出了金钱，但收获了责任心。

好，你们真是有责任心的小朋友。

 **敲黑板**

当面临友情与责任的艰难抉择时，逃避或许能避免一时的矛盾，但无法真正解决问题。只有勇敢地承担责任，从错误中汲取教训，你才能实现更好的成长。

朋友翻看同桌的日记，我要及时制止吗？

今天课间休息时，我偶然发现小雪正在翻看她同桌的日记，于是上前询问她对方是否知道。

小雪被我打扰，十分意外。我这时意识到小雪是在偷看别人的日记。

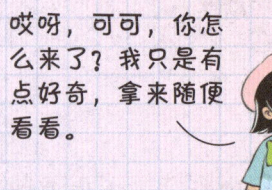

我想劝小雪，但小雪满不在乎的态度让我意识到她根本不觉得自己的行为有错。

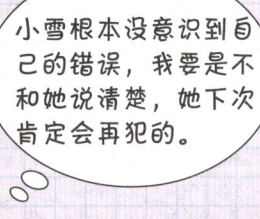

我决定鼓起勇气把事情和小雪讲清楚。

最终,小雪认识到了自己的错误,决定去和小茵道歉。

看到小雪向小茵道歉的一幕,我欣慰地笑了。我知道,以后小雪再也不会像这样侵犯别人的隐私了。

敲黑板

当你目睹朋友侵犯他人隐私时,绝不能视而不见,而应秉持正确的价值观,积极制止。这不仅是在保护他人的正当权益,也是在帮助朋友及时纠正错误,避免朋友养成不良的习惯。

朋友要我参与"骂战",我该同意吗?

今天,我本来想上论坛看些校园趣事放松一下心情,没料到会突然收到小雪的信息。

小雪想让我在论坛上参与她和别人的"骂战",但在网上骂人这种行为实在不道德,一时间,我内心的天平摇摆不定。

妈妈发现了我的犹疑,我将这件事和我的想法告诉了她。

妈妈给我分析了这件事，还给我指明了接下来该怎么做。

可可，网络不是撒野的地方，参与"骂战"不但解决不了问题，还会火上浇油，让事情变得更糟糕。你的想法是正确的，去劝劝小雪吧，和她说清楚，她会理解的。

我知道了，妈妈。

我把妈妈的话转告给了小雪。小雪认识到了自己的错误，删掉了不良言论，我松了一口气。

同时，我也发帖呼吁大家和谐讨论，为营造文明的网络环境贡献出自己的一份力量。

太好了！居然有这么多人赞同我的想法。

敲黑板

即使在网络世界中，也绝不能放松对自己行为的约束。要时刻牢记，网络不是法外之地，恶意辱骂他人是不道德的行为，这种行为不仅无法解决问题，还会引发更大的矛盾。

朋友让我帮他画参赛画，我能拒绝吗？

周末，我和硕硕来到公园采风。硕硕夸奖了我画的画，我还挺高兴的。

可接下来硕硕的一番话，却让我有些猝不及防。

一边是朋友的请求，一边是原则，我不知道该如何选择。硕硕见我沉默，竟恼羞成怒了。

我意识到自己正面临着友谊危机，心情十分低落。回到家后，听到爸爸的关心，我忍不住向他倾诉内心的委屈。

爸爸觉得我没有做错。听了爸爸的话，我不再怀疑自己。

第二天，我和硕硕推心置腹地谈了好久。硕硕意识到了自己的错误，也愿意改正。之后，我和硕硕常常一起练习绘画，我们之间的友谊更加深厚了。

敲黑板

诚信是做人的根本，在比赛或其他竞争场合中，依靠自身努力赢得的成果才真正有价值。同时，也要用真诚和耐心去引导缺乏公平公正意识的同学树立正确的价值观，凭借自身努力追求进步。

朋友要我帮忙打群架，我要不要答应？

今天，我留校值日，等我值日完回家的时候，天已经微微黑了。

回家的路上，我遇见了硕硕。没想到，硕硕竟然卷入了一场群架中，还想拉我一起。

我心急如焚，拼尽全力想将硕硕从冲动的边缘拉回来，但愤怒的硕硕此刻完全听不进任何劝阻。

见拉不住硕硕,我赶紧向张老师报告了情况,张老师立刻行动起来。

张老师,不好了,学校后面的小巷子里有人要打群架,硕硕也在里面!

别着急,可可,老师这就去处理。

张老师及时赶到,成功地平息了打架风波,硕硕等人也得到了应有的批评教育。

张老师来了,快跑!

都住手!你们怎么能打群架呢?这是严重违反校规的行为!

硕硕意识到了自己的错误,我和张老师都松了一口气。

硕硕,遇到问题要冷静,要用正确的方式解决。打群架不能解决任何问题,还会伤害到自己和他人!

张老师,我错了,我不该这么冲动。

敲黑板

暴力解决不了任何问题,只会带来伤害。所以,当面临有人打群架的情况时,你要及时告知老师、家长或相关安保人员,请他们来制止冲突。

保护自己
善良不能被利用

妈妈,路上有个叔叔让我给他带路,我应该帮忙吗?

可可,成年人不会向孩子求助。你要记住,遇到可疑的请求,一定要马上离开并联系信任的人。善良是有前提的,那就是一定要保障自身安全。你不能毫无原则地对所有请求来者不拒,一定要有应有的边界感和警惕心,要在确保自身不受伤害的基础上以合理、安全的方式去帮助他人。所以,遇到你说的这种情况,你可以告诉他:"您可以找警察或商店的工作人员帮忙。"

4 保护自己，善良不能被利用

高价售卖的手工制品，我要出于爱心购买吗？

集市上，我和思思被一个很特别的售卖手工饼干的摊位吸引住了。

摊位上的大姐姐告诉我们她在这里卖手工饼干是为了给流浪动物筹集善款，让它们平安过冬。

我和思思拿起一包饼干，但被上面的标价吓了一跳。

可可，咱们还是算了吧，太贵了……

思思觉得饼干太贵，但我却觉得流浪动物实在可怜，想用零花钱买下饼干，从而帮到它们。

可是我挺想帮助那些可怜的小动物……

思思劝阻了我，我冷静下来后也认可了思思的做法。

可是如果我们买了这包饼干，后面好长一段时间的零花钱就都没了。帮助流浪动物的方法有很多，我们得先让自己过得下去哇。

嗯……你说得也有道理。

我和思思礼貌地回绝了大姐姐，大姐姐也理解我们的做法。

姐姐，你的饼干很好吃，希望你早点卖完饼干筹集到善款。我们两个的钱实在不够，就去帮你多多宣传一下吧。

好哇，谢谢你们呀。

敲黑板

献爱心是好事，但也要从自己的实际情况出发，有多大能力使多大劲，不要超出自己的承受能力。爱心大小从来不是用花多少钱来衡量的。

陌生人想要我带路，我该如何回应？

今天是我值日。等我结束值日回家时，天都微微黑了。

我正急着回家呢，突然遇到一个问路的陌生人。我热心地为他指了路。

但这个人说自己没有听懂，问我能不能为他带路。

这时,天已经完全黑了,我觉得有点害怕。

小朋友,你帮我带路,这20元就当给你的辛苦费。

去玫瑰家园要穿过一条偏僻的街道,那里很少有人经过。

我又想起最近看过的一则绑架儿童的新闻,心中已经想好该怎么做了。

路上那么多大人,他为什么要找我一个学生带路,还给钱?这不正常……

我找借口迅速离开了他。这件事如同一记警钟,以后我会时刻警惕,不轻易与陌生人接触,更不会贸然答应陌生人的请求。

叔叔,不好意思,我爸爸在前面等我,我赶时间。你跟着手机导航过去吧。

敲黑板

面对陌生人的请求,不要因为不好意思拒绝就答应。防人之心不可无,要增强自我保护意识,不要让你的善良被别有用心的人利用。

陌生人借用我的电话手表，我该同意吗？

周末，我和思思正在公园玩，这时一个陌生阿姨走了过来。

这个阿姨看上去很着急，似乎遇到了不小的麻烦。原来她手机没电了，想借用我们的电话手表打电话。

我刚想答应，思思却一把拦住我，然后拒绝了阿姨。

阿姨，你可以去附近的商店、保安亭借电话，也可以直接找警察，他们能更好地帮助您。

唉，那好吧。

我觉得有点不好意思，可思思却很坚持，阿姨只好走了。

我很疑惑，思思明明是一个很善良的人，为什么会拒绝这个阿姨呢？

思思，我们为什么不把电话手表借给这个阿姨呢？万一这个阿姨真有急事呢？

我妈妈说过，陌生人找我们借电话，可能会获取我们电话里面存储的个人隐私，然后进行电话骚扰、诈骗；也可能会获取我们的位置信息，实施绑架！

这件事给我上了一堂宝贵的人身安全课，让我明白了不能因为心软就置自己的安全于不顾。

啊？这么严重！

是的，总之，电话手表里有很多隐私，千万不能因为心软就把它随便借给别人。

敲黑板

安全无小事，有时候坏人会利用人们的善良来达到他们的目的，所以你一定要提高警惕，还要多学习相关安全知识，这样才不会轻易上当受骗。

新邻居没带钥匙想进我家,我要答应吗?

三天前,我们家对面搬来了新邻居。

不知道新邻居好不好相处哇。

今天,爸爸妈妈有事出门了,我一个人在家看书,这时门铃突然响了起来。

这个时候会是谁呢?

我跑过去打开可视屏幕一看,原来是新邻居刘阿姨。

是可可呀。我忘带钥匙了,开锁师傅一个小时后才能来呢,我能不能去你家坐一下?

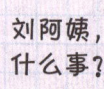

刘阿姨,什么事?

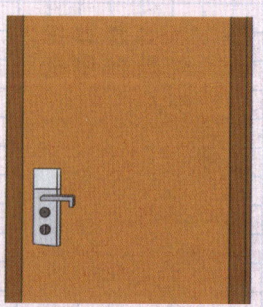

我很纠结，爸爸妈妈告诉过我不能给陌生人开门，可是刘阿姨算不算陌生人呢？

刘阿姨是邻居，邻居之间要互相帮助，开吧。

父母不在家，不能让任何人进来，不能开。

我要不要开门呢？

看着刘阿姨身后层层叠叠还没有收拾好的杂物，我下定决心拒绝了她。

这样啊，那好吧，谢谢你啦，可可！

刘阿姨，实在不好意思，我家里现在不太方便。您看能不能联系一下您的家人或者物业帮忙呢？

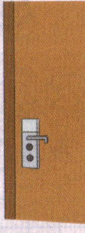

爸爸妈妈回来后听我说了这件事，他们都夸我做得对。

可可真棒，奖励你一根冰激凌！

可可今天做得非常不错，在安全这件事上，哪怕面对的是熟悉的邻居，也不能掉以轻心。看来你记住了我们的叮嘱，以后要继续保持呀。

谢谢妈妈！

敲黑板

自己一个人在家时，不要轻易给任何人开门。你可以礼貌地拒绝对方，但不要泄露过多的家庭情况。如果对方继续纠缠，你可以立马给爸爸妈妈打电话，也可以拨打物业电话或报警电话寻求帮助。

陌生人让我帮忙保管物品,我能答应吗?

周末,我和思思一起逛商场时,遇到了一个拖着大箱子的陌生人。

那个人请我们帮忙保管他的箱子。看着对方着急的样子,我正想答应,思思却拉住我,并询问对方箱子中是什么。

那个人察觉到思思的顾虑,笑着对我们解释。

思思拒绝了那个人，并建议他把东西放到客服中心去。

虽然思思的处理方式并没有错，但我却很疑惑，思思耐心地给我解释了她的想法，我恍然大悟。

通过这件事，我明白了助人为乐也要分情况，该拒绝的时候就要直接拒绝。

敲黑板

遇到陌生人求助、赠予食物、发出邀请等情况，你一定要提高警惕、不轻信，不给坏人可乘之机。

网上的众筹链接，我能轻信吗？

今天，我正在用手机查资料，突然看到聊天群里有人发了一条链接。

这是什么？点开看一下。

原来，这是一条资助山区孩子的众筹链接。

山区里的学校这么破旧，我是不是也该帮帮这些孩子呢？

妈妈，你能帮我看看这个怎么操作吗？

这是什么呀？

我打开链接，想献一份爱心，却被复杂的步骤搞糊涂了，只好找妈妈帮忙。

我想给山区孩子捐点钱,他们多可怜哪。

我把众筹链接给妈妈看,妈妈看过后却让我先别急着捐款。

等一下,我先查一下这个众筹项目的背景。

妈妈打开电脑,搜索这个众筹项目,却发现网上有许多质疑的声音。

你看,有人说自己遭遇过类似的诈骗,这个项目疑点太多了。

啊?幸亏我刚才没有付款,不然我也被骗了。

为谨慎起见,妈妈报了警。通过这次经历,我明白了,面对网络上的各种信息,我们要擦亮双眼,多一分警惕,不让自己的爱心被辜负。

我现在就报警,请警察对这个项目备案调查一下。

嗯,以免让更多人受骗。

敲黑板

网络上的信息鱼龙混杂,你一定要多思考,多查证,让理性与审慎成为自己的"防护盾"。

陌生人让我去喊同学出来，我该去吗？

今天，由于家里有事，所以我下午才去学校。

得快点，要不然赶不上下午第一节课了。

远远地，我看见一个陌生阿姨在学校周围徘徊，阿姨也看见了我。

哎！同学，你是这个学校的学生吧，能帮我一个忙吗？

什么事呀？

阿姨想让我帮她叫一个同学出来，这让我很疑惑。

可我不认识她呀。

你能帮我叫一下那个戴蝴蝶结的女孩吗？我是她家的亲戚，她家出了点事，她妈妈让我来接她回去。

阿姨的话也让我非常怀疑。

我拒绝了阿姨，并且让阿姨去找门卫叔叔或那个同学的班主任沟通。

阿姨见我不愿意帮她叫人，变得气急败坏。我很庆幸自己没有被阿姨所利用。

敲黑板

学校有学校的流程和规定，这是为了更好地保护大家，所以不要想着去钻学校的空子，也不要给陌生人可乘之机。

陌生人请我帮忙分辨气味，我能去闻吗？

今天，我和妈妈去公园散步。走着走着，我突然想上卫生间了。

妈妈，你等我一下，我去下卫生间。

好，我在外面等你。

卫生间里，一个保洁阿姨正在拖地，见到我在洗手，便走了过来。

小朋友，能帮我一个忙吗？

嗯，好哇。

原来，保洁阿姨不知道哪瓶是消毒水，想让我帮她闻一闻，分辨一下。

我感冒了，鼻子不通气，你能不能帮我闻闻哪瓶是消毒水？

可是，我也不知道消毒水的气味是什么样的呀。

这时我突然想起，妈妈给我讲过有人用迷药诱拐孩子的案例。

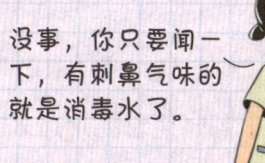

我拒绝了保洁阿姨，然后赶紧跑出卫生间找妈妈。

妈妈带我返回卫生间，发现保洁阿姨已经不在了。于是，我和妈妈一起报了警。

敲黑板

坏人会伪装成看似无害的角色，编造巧妙的借口，利用你的单纯和善良来实施阴谋，所以你要时刻保持警惕，牢记自己的安全最重要。

陌生人请我一起寻找小狗，我该怎么办？

今天，我和思思在公园玩的时候，一个陌生阿姨焦急地走过来请我们帮忙找找她丢失的小狗。

阿姨掏出手机给我们看照片，照片上的小狗可爱极了。

我们在绿化带里找了好久，却一直没有找到小狗。

阿姨指着不远处的一条小巷，提出让我们和她一起去那里找小狗。我觉得很为难。

这时，思思提醒我马上给妈妈打电话，我连忙照做。阿姨看到后，匆匆地离开了。

这件事给我敲响了警钟，陌生人求助的背后可能隐藏着阴谋，我要学会好好保护自己，不能盲目热心。

> **敲黑板**
>
> 如果有人请你去偏僻的地方，如小巷、废弃房屋等，要坚决拒绝；如果对方继续纠缠，就找机会跑向人多、热闹的地方，并大声求助，引起周围人的注意。

孕妇阿姨要我送她回家，我能答应她吗？

放学路上，我和思思遇到了一个孕妇阿姨，她坐在路边，一副很难受的样子。

看到阿姨痛苦的样子，我们非常着急。在我们的关心下，阿姨提出希望我们送她回家。

听到阿姨的请求，我二话不说就去帮忙，思思却将信将疑。

思思把我拉到一边，给我讲了她的想法。

你说得有道理，我们确实不能随便去陌生人家里！

这个阿姨既然这么痛苦，为什么不让我们叫救护车呢？她让我们两个学生送她回家，不会别有所图吧。

阿姨，我看你这么难受，我还是给你叫救护车吧。你放心，救护车很快就来了。

我们想了想，决定在阿姨面前拨打急救电话。可阿姨一听，却说自己没事了。

哎呀，不用不用，我再休息一会儿，就可以自己慢慢走回去。

经过这件事，我意识到了不能盲目相信别人，不能因为心软就忘了自己的安全。

防人之心不可无，可可，我们两个还是学生，能力有限，遇到这种情况，还是让大人来处理比较好。

敲黑板

如果有陌生人请你去自己家、旅馆等，任何情况下都不能答应，因为这些地方相对封闭，一旦进入，你可能会陷入孤立无援的危险境地。

网上发酵的社会事件，我能相信并转发吗？

一天，我看到了一条令人义愤填膺的新闻。

太过分了，怎么会有这样的人！

可恶，必须让更多人知道这种恶劣行径，让大家一起谴责他！

愤怒的我想都没想，就把这条新闻转发到了朋友圈。

可没一会儿，爸爸就拿着手机来找我，让我删除刚才转发的内容。我很疑惑爸爸为什么让我这么做。

可可，你还是把这个内容删了吧。

啊？为什么？爸爸，你不觉得这种行为很过分吗？

面对我的质疑,爸爸没有生气,而是教我如何判断新闻的真实性。

遇到这种新闻,首先要看它是不是通过权威媒体发布的,比如电视台、报纸或警方通报,通过权威媒体发布的新闻才是真实可信的,如果不对新闻的真实性加以判断,就有可能会被人误导转发虚假新闻。

这样吗?

爸爸还语重心长地告诉我,轻信、跟风转发虚假新闻的危害。

许多网络新闻都存在虚假、夸大的情况,随意传播不仅会扰乱社会秩序,严重的还会违反法律,构成犯罪呢。

啊?这么严重啊!

通过和爸爸的谈话,我认识到了轻信谣言、传播谣言的危害,也学会了如何在纷繁复杂的网络世界中保持理性和清醒。在网络世界中,我们既要对自己负责,也要对他人负责。

对呀,谣言会误导公众,影响社会稳定。千万别因为善良就让自己成为传播虚假新闻的帮凶啊!

我明白了。爸爸,我以后再也不会随便转发没有根据、未经证实的新闻了。

· 敲黑板 ·

网络时代信息繁杂,你要学会理性思考,判断信息是否真实可靠,不造谣、不信谣、不传谣,也不要让善良成为谣言滋生与扩散的温床。

远离霸凌
可以善良但不能懦弱

妈妈,同学把我的书包藏起来,说只是和我开玩笑,我该怎么办?

可可,如果你不喜欢同学这样的行为,你要明确地给同学说:"我不喜欢你跟我开这样的玩笑,请立刻把书包还给我!"对待不合理、不正当的行为,要有辨别能力;在遭受不公对待时,千万不能默默忍受,要积极采取行动保护自己的正当权益。善良不是任人欺负!如果同学依旧我行我素,你可以找老师或家长帮助,让他认识到自身行为是错误的。善良绝不是无原则地忍受欺凌,你一定要勇敢地保护自己!

5 远离霸凌，可以善良但不能懦弱

同学给我起外号，我要默默承受吗？

今天，硕硕给我起了个外号——"小蜗牛"，因为他觉得我做事总是慢吞吞的。

可可，你跑得太慢了，干其他事也慢，跟蜗牛似的，以后干脆叫你"小蜗牛"算了！

小蜗牛，该交作业啦！

渐渐地，同学们也都开始叫我"小蜗牛"了。

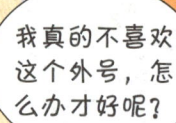

我真的不喜欢这个外号，怎么办才好呢？

这天我迟到了，我站在教室外不愿进去，因为我觉得同学们肯定又会笑话我动作慢。我可能永远都摆脱不了这个外号了。

可可，你怎么站在门外不进去呀？

我……我怕同学们都叫我"小蜗牛"……

正巧这时张老师来到教室门口。我鼓起勇气把事情的原委告诉了张老师。

张老师给了我很好的建议。我决定勇敢面对，对外号说"不"。

谢谢张老师，我知道该怎么做了！

可可，有时候忍耐并不会换来理解和尊重，如果你觉得这个外号令你感到难堪、苦恼，一定要勇敢说出自己的感受。要是你觉得自己解决不了，老师可以帮助你。

在顺利解决这件事后，我才明白，原来我不必强迫自己接受别人给我起的外号，拒绝一点也不难。

对不起，可可，我没有考虑到这些。

小蜗牛，今天怎么迟到了呀？

硕硕，我不叫"小蜗牛"，我也不喜欢这个外号，希望你能尊重我，以后直接叫我的名字，好吗？

敲黑板

每个人都有权利被尊重，如果你因为外貌、性格或者其他特质被别人起外号，而你并不喜欢这个外号，请勇敢地发出自己的声音，这是保护自己免受欺凌的第一步。

被同学开侮辱性的玩笑，我该怎么办？

操场上，隔壁班的两个男孩子叫住了我和思思。

同学，你们是隔壁班的学霸吧？你们……

有事？

我们和他们并不熟，从他们的表情和话语中，我们感觉到了恶意。

可我并不觉得好笑，我要走了！

学霸，我们只是开个玩笑而已，别在意呀。

我觉得他们说的话很伤人……

看着思思难过的样子，我的心里也不好受。

这种人真无聊，我们不要理他们，让他们自讨没趣。

第二天,我们又遇见了那两个男孩子。即使我和思思不理他们,他们也还是不停地跟我们"开玩笑"。这次,我勇敢地站出来制止他们。

学霸,你们今天……

请你们适可而止,你们这样是人身攻击,是骚扰,再有下次我们就不客气了!

我还鼓励思思勇敢保护自己。

别说了,确实是我们做得不对。我们还是道个歉吧。

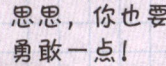

思思,你也要勇敢一点!

请不要把语言霸凌当作玩笑,这样真的很令人讨厌。

学霸这么开不起玩笑哇……

我认为,遇事时,明确表达自己的态度,心里才会更有底气;沉默只会助长对方的气焰,我们要勇敢站起来,向对方证明我们不是对方可以随意践踏的对象。

思思,你真棒!

可可,谢谢你保护我!

> **敲黑板**
>
> 面对语言霸凌,如果你觉得难以独自处理,或是三番五次地表达自己的不适后还是没有效果,不要犹豫,要直接向老师或家长寻求帮助,他们是你最坚强的后盾。

同学买零食要我付钱，我该怎么办？

我要去小卖部买东西，硕硕和小柔让我帮他们带饮料。

等我把饮料给他们带回来后，像以前一样，小柔只字不提要给我钱的事。

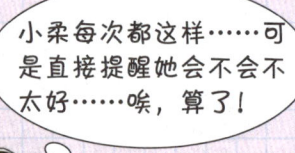

后来在小卖部里，小柔买完零食竟然直接让我给她付钱。

小柔老是这样让我请她吃东西,我的零花钱都快花没了!

唉,该怎么跟小柔说呢?让她还钱?好像有点伤感情……

爸爸知道这件事后,鼓励我下次直接拒绝小柔。

嗯,我不能再纵容她了!

可可,你有权利选择如何支配自己的零花钱,不想请客就果断拒绝,帮忙买了东西也可以委婉提醒她给钱。你一味地忍让,只会让对方得寸进尺。

哦,那算了……我不要了。

再次面对小柔要我请客的要求,我婉拒了她。我心里畅快多了,原来有时"自私"也没什么不好的。

小柔,我可以帮你代买薯片,但我的钱不够了,你先把钱给我,我再帮你买吧。

敲黑板

那些只会向你索取却绝口不提回报的人,是在利用你的善良。在人际交往中,一定要学会设定界限,维护好自己的利益。

总是有同学插队,我要站出来制止吗?

中午,学校食堂里正大排长龙。

大家都在耐心排队,突然,有一个人插队。

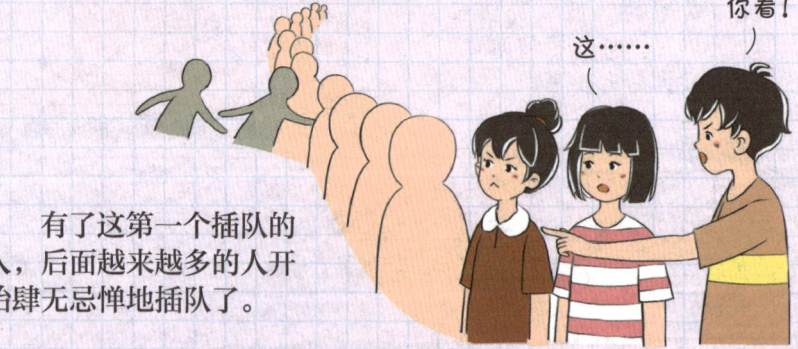

有了这第一个插队的人,后面越来越多的人开始肆无忌惮地插队了。

我虽然不满,但不想和他们产生冲突。硕硕忍无可忍,终于爆发了。

前面插队的同学,大家都在排队,请你们文明一点,遵守秩序,到后面去排队好吗?

就是……

是呀,按顺序排队才公平嘛!

没想到,硕硕发声后,正义的声音接连出现,大家都开始抗议插队的行为。

我很佩服硕硕,他的举动维护了自己和同样在排队的大家的正当权益。面对不公,我们就应该勇敢发声。

刚才我还以为会吵起来呢……

我想的是如果没人站出来指出问题,插队的人就会更加肆无忌惮,然后就会有更多人跟着学。大家都很饿,凭什么要让着他们?我既是在为自己发声,也是在为排队的大家发声。

敲黑板

如果别人有急事不得不插队,你可以包容退让。但当遭遇恶意插队时,你就不必忍让了,可以大胆地指出,让对方意识到自己的错误,不过要注意避免发生冲突。

被高年级强制交换篮球，该怎么办？

硕硕有了新篮球，恨不得抓紧每一分钟去打球。这天中午，他又抱着篮球去了操场。

可没过多久，硕硕就回来了。

原来是几个高年级同学用旧篮球"换"走了硕硕的新篮球。

这件事让我气得不得了,我让硕硕和我一起去找张老师。

这分明就是抢!走,我们告诉张老师去!

在张老师的鼓励下,硕硕渐渐有了勇气。

谢谢张老师,我知道该怎么做了。

听起来确实有些麻烦,但我们每个人都有权利保护自己的东西。面对不合理的要求,你可以选择拒绝。硕硕,你有没有勇气去要回自己的篮球呢?不用怕,老师会陪着你!

硕硕找到那几个高年级同学,坦诚地告诉他们自己的想法,成功拿回了自己的篮球。

算了,给你!

同学,其实我不愿意和你交换,我更喜欢我自己的篮球。如果你想打我的篮球,可以告诉我,和我一起玩,而不是强制我和你交换。

敲黑板

强制交换实际上是一种霸凌行为,你有权利对它说"不"。如果别人想使用暴力手段胁迫你,你一定要先保护好自己的安全,然后向可信赖的大人求助。

总把最脏最累的活分给我，我该逆来顺受吗？

每次班级打扫卫生时，我总是积极完成自己的任务。

我擦黑板，思思和硕硕扫地，可可去提水、倒垃圾……

没问题！

可是渐渐地，我发现每次都是我在做那些最脏最累的活。

为什么每次都是我最累？

凭什么又是我，我也想早点回家呀！

这天，我和小雪值日，她让我负责最后的整理工作，我得把桌椅摆整齐后才能离开。

回家后，我忍不住把自己的委屈说了出来。

妈妈鼓励我积极采取办法改变现状，我也决定不再逆来顺受。

后来，当小雪再次把倒垃圾的任务分配给我时，我礼貌地拒绝了她，并坚定地说出了自己的意见。面对不公，我们就是要勇敢地为自己发声。

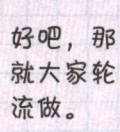

敲黑板

当受到不公平对待时，千万不要默默忍受，可以适时地、合理地表达自己的立场和观点，寻求解决方案。

朋友总是让我按她说的做，我不愿意怎么办？

小雪最近总是指挥我做事，对此我很是无奈。

可可，帮我擦下黑板吧，你最好了！

又让我擦黑板，下次我可不帮你了哟！

渐渐地，我发现小雪对我的"控制"好像越来越厉害了。

可可，我明天穿粉色裙子，你明天也穿粉色裙子吧，我们走在一起一定很好看！

不行，你是我的好朋友，就得听我的！

啊？可我不想……

每当我想拒绝时，小雪就会威胁我。

小雪，我今天想复习，能不能不去逛街？

哼，你不陪我去的话，我以后就不和你玩了。

这样的状态令我十分难受,于是我把烦恼告诉了妈妈。

妈妈教了我怎么和小雪沟通。听了妈妈的建议,我决定下次一定要坚定地拒绝小雪。

后来我发现,即使我拒绝了小雪的请求,也并没有影响我们之间的友谊。从那以后,我学会了勇敢地表达自己的想法,并拥有了坚定拒绝的勇气。

敲黑板

真正的友谊不应该建立在"控制"与"服从"的基础上,你要坚持自己的原则,忠于自己。如果对方真的珍视你们之间的友谊,他会愿意倾听并尊重你的想法,否则,你就应该好好审视一下你们之间的友谊。

同学总是故意推搡我，我该跟老师说吗？

课间休息时，小刚突然的推搡吓了我一跳。

像这样的"意外"，已经发生很多次了。

这天，我在下楼时明显感觉到有人从背后推了我一把。

我跌倒在地，转头一看，果然又是小刚在作怪。面对我的质问，小刚满不在乎，这让我很生气。

我着急下楼，不小心撞到你了，对不起咯。

你为什么总是故意推我？这很危险哪！

既然直接沟通没有效果，我决定把最近发生的一切都告诉张老师。

张老师，小刚最近……

我明白了，你放心，老师会帮你的。

谢谢张老师！

张老师把小刚叫到办公室谈了很久。在老师的教育下，小刚终于诚恳地向我道了歉。

小刚，同学之间应该团结友爱，开玩笑也要有度。你想想，如果有人每天故意推你，你会不会受伤，会不会很难过呢？

对不起，可可，我没想到自己的行为给你带来了伤害，以后我不会再这样了。

没关系，只要你改正就好。

敲黑板

如果遭遇肢体霸凌，尽量不要与对方直接对抗，最好尽快逃离现场。为了保证自己的安全，你可以向旁边的人呼救求助，脱身后也一定要马上告诉家长和老师。

同学在网络上造谣诽谤我，我该怎么办？

思思发现有人在网络上发了一段视频，造谣我和表哥在谈恋爱！

没过几天，谣言几乎传遍了校园，对我的生活造成了极大的影响。

那根本就不是真的，可是我要怎么解释呀……

一想到走出教室就要面对流言蜚语，我就连体育课都不想去上了。

张老师相信我,并承诺会帮我找到造谣的人澄清事实。听了张老师的话,我积攒已久的委屈终于爆发了。

在老师和爸爸妈妈的努力下,我们终于找到了造谣的人。他向我道歉,并承诺会发布澄清视频。

澄清视频发布后,谣言渐渐平息。虽然过程不易,但我最终成功维护了自己的声誉。

敲黑板

我们每个人都依法享有名誉和形象不受侵犯的权利。无论是在现实中还是在网络中,当发现有人诋毁或侮辱你时,要勇敢站出来维护自己的名誉。有时沉默并不能让"谣言止于智者",必要时你还是得拿起"武器"保护自己。

结束语

在这本书中,我们一起经历了从"无条件退让"到"有原则的善良"的蜕变。当小雪抱怨椅子太硬时,当硕硕借走图书不归还时,当陌生人请求帮忙时……那些看似微小的选择,实则是善良与智慧的碰撞。

真正的善良从不是委曲求全的牺牲。可可在一次次拒绝中学会了保护自己,硕硕在粗心中逐渐意识到分寸的重要性,而小雪也在反思中开始承担自己的责任……这是他们在跌跌撞撞中摸索出的处世之道。

若说善良是照亮他人的光,锋芒便是守护这份光的盾。它教会我们:帮助他人前,先站稳自己的脚步;倾听他人时,不忘自己内心的声音;面对不公时,敢于用温和却坚定的态度说"不"。

未来的路上,我们要带着这份有锋芒的善良勇敢前行,用智慧与勇气写下属于自己的人生答案。